Justus Arnemann

Bemerkungen über die Durchbohrung des Processus mastoideus in gewissen Fällen der Taubheit

Justus Arnemann

Bemerkungen über die Durchbohrung des Processus mastoideus in gewissen Fällen der Taubheit

ISBN/EAN: 9783744635721

Hergestellt in Europa, USA, Kanada, Australien, Japan

Cover: Foto ©berggeist007 / pixelio.de

Weitere Bücher finden Sie auf **www.hansebooks.com**

J. Arneman D.

Profeff. ordin. der Medicin auf der Georg Auguffs Univerfität
zu Göttingen; Mitglieds der Societät der Wiffenfch. und Künfte
zu Uetrecht, der Societ. der Aerzte zu London, und der
Königl. Medicin. Societ. zu Edinburgh Ehrenmitglieds.

Bemerkungen
über die
Durchbohrung
des
Proceffus maftoideus
in gewiffen Fällen
der
Taubheit

mit III Kupfertafeln.

Göttingen,
bey Vandenhoek und Ruprecht
1792.

Die Behandlung der Krankheiten des Gehörs, gehört unter die wichtigsten und schwierigsten Lehren der praktischen Arzneiwissenschaft. Die Theorie dieser Krankheiten, sezt nicht blos eine tiefe und genaue Kenntniss des Baues aller Theile dieses so künstlichen Organs voraus, sondern oft geben die Verbindung und der Zusammenhang mit entfernten Theilen des Körpers, und selbst mit andern Sinnen nur allein Aufschluss. Bei aller Einsicht sind sie dem-

ohn-

ohngeachtet für die Kunst 'sehr oft uner-
reichbar, und die Hülfe welche' sie leistet
ist ungewiss, unzuverläffig und unsicher. -

Ich habe lange den Vorsaz gehegt,
einzelne wichtige praktische Fälle, und
Geschichten von Krankheiten der Gehörwerkzeuge, welche in Schriften zerstreut
find, mit den Resultaten meiner eignen
Erfahrung verglichen, zusammen unter
eine Ueberficht zu bringen, um wenig-
stens eine gewisse Grundlage zu haben,
worauf man in der Folge fortbauen könnte.
Gewiss wird jedem praktischen Arzte seine
eigne Erfahrung das Geständnis abnöthi-
gen, daß seine Wissenschaft in diesen
Krankheiten am meisten beschränkt, und
seine Kunst am öfterst en hülflos ist. Ein
jeder kleiner Zuwachs, wenn er nur neue
Ausfichten gewährt, ist immer schon ein
wahrer Gewinn, den man um so höher
berechnen muß, je gröffer die Hinderniffe
find, welche von allen Seiten überwunden werden müssen.

Man

Man kann die Krankheiten des Gehörs
allgemein betrachtet, in zwei Hauptklaſſen
eintheilen:

I. In Krankheiten welche von örtlichen, indiopathiſchen Fehlern der
Theile, welche zum Gehör nothwendig ſind, herrühren.

II. In conſenſuelle oder metaſtatiſche
Krankheiten.

Es iſt ſchwer zu beſtimmen, welche
von beiden in Anſehung der Heilart die
meiſte Beſchwerde verurſachen; denn Fehler der zweiten Klaſſe können durch die
lange Dauer auch zu örtlichen Fehlern
werden: Doch ſcheint in den meiſten Fällen die erſte Art am gefährlichſten. Die
Unmöglichkeit das Uebel in ſeinem gan-
zen Umfange zu überſehen, die Schwie-
rigkeit in einem ſchiefen und gekrümmten
Kanal die ſchiklichen Arzneien und einen
kunſtmäſſigen Verband anzubringen, die

A 3   natür-

natürlichen Feuchtigkeiten diefes Kanals,
die Abhängigkeit des knöchernen Theils
des Gehörganges, welche, das Herabfinken
der Feuchtigkeiten und des Eiters befördert: Alles diefes find Umftände welche in
der Heiluug groffe Hinderniffe verurfa-
chen *).

Ich rechne zu diefer. Klaffe auffer den
angebohrnen Fehlern, welche zuweilen
völlig unheilbar find, und den Verlezun-
gen durch eine äuffere Wunde oder ge-
waltfame Erfchütterung:

    1. Die Taubheit von Verftopfun-
       gen des Gehörganges aller Art,
       durch verhärtetes Ohrenfchmalz,
       Auswüchfe u. a.

                     2. Die

*) *Lechevin über die Theorie der Krank-
heiten des Ohrs* in d. Mem. fur les fujets
propofés pour le prix de l'acad. royale de
Chirurgie. T. IX.

2. Die Verſtopſung der Euſtachiſchen Trompete, welche oft ſehr hartnäkig iſt.

3. Die Taubheit von Geſchwüren im Gehörgange, oder im proceſſus maſtoideus, mit allen ihren Folgen, Beinfraſs, u. m.

4. Die nervöſe Taubheit, von einem fehlerhaften Zuſtand der Nerven des Gehörs, hauptſächlich von einer verminderten Empfindungskraft oder Lähmung der Nerven. Dies ſcheint der Fall zu ſeyn in der Taubheit nach einem ſtarken Schall, und heftigen Erſchütterungen. Vielleicht könnte man auch

5. einen fehlerhaften Zuſtand der Geſäſſe im Gehör dahin rechnen *),

A 4 ſowohl

*) Maſcagni hat dieſe vortrefflich abgebildet: Vaſor. lymphaticor. hiſter. P. ɪɪ. T. XXVII. Fig. 3.

sowohl der kleinen Gefäße, welche: die Feuchtigkeiten in dem La-
byrinth aushauchen, als der lym-
phatifchen Gefäße; und wo ein ört-
licher Reiz erforderlich ift, um ihre
Wirkungen wieder herzuftellen.

Die zweite Klaffe begreift die Fälle
wo bei einer fonft gefunden Befchaffenheit
diefer Theile, periodifche, und gewiffermaffen tranfitorifche Fehler entftehen, welche
doch auch zuweilen in eine bleibende
Harthörigkeit oder in gänzliche Taubheit
übergehen: Ich zähle dahin

1. Die periodifche Taubheit oder
   Harthörigkeit, welche durch die
   Veränderung der Witterung, durch
   feuchte Luft und Verkältung erregt
   wird, die man gewöhnlich mit
   dem Namen Flüffe belegt. — Die
   innere Haut des Ohrs, zumal in
   der Euftachifchen Röhre, ift mit
   kleinen Schleimdrüfen wie die

·· Schnei-

Schneiderſche Haut beſezt, daher
leidet das Gehör in manchen Krankheiten, z. B. der catarrhaliſchen
Bräune, bey Scropheln, bey Ca-
tarrhen oft zugleich mit. Dieſe Zufälle ſind gemeiniglich aber nur
periodiſch.

2. Die conſenſuellen Fehler des Gehörs in Krankheiten. Der Kranke
hat ein zu ſcharfes Gehör und das
geringſte Geräuſch iſt ihm uner-
träglich. Auch das critiſche Ohrenſauſen, das Klingen vor den Ohren kann hieher gerechnet werden.
Es ſcheint daſs die Empfindungskraft der Nerven kränklich er-
höht iſt.

3. Die conſenſuelle Taubheit von Un-
reinigkeiten in den Verdauungswe-
gen. Dieſe läſst ſich nur erklären
wenn man auf die Verbindungen
der Nerven, beſonders auf die Ver-

A 5   eini-

einigung der Intercoſtalnerven mit
den Gehörnerven Rükſicht nimmt.
Hypochondriſten und hyſteriſche
Frauen bekommen aus dieſer Ur-
ſache Anfälle von periodiſcher
Taubheit; bey Würmern iſt das
Ohrenſauſen oft ein ſehr läſtiges
Symptom u. dergl. m.

4. Die Taubheit von Congeſtionen
nach dem Kopf. Es ſcheint daſs
durch die gröſſere Ausdehnung und
das Anſchwellen der Gefäſſe von
dem Zudrang des Bluts, ein Druk
auf die Nerven des Gehörs ent-
ſteht. Man merkt zur Zeit der
monatlichen Reinigung, bey Per-
ſonen welche am Haemorrhoidal-
fluſs leiden, zuweilen eine periodi-
ſche Harthörigkeit, oder ein läſtiges Sauſen vor den Ohren. Wäh-
rend der Schwangerſchaft, zumal
in den erſten Monaten pflegt es
ſich bey manchen einzufinden.
Auch

Auch der Mangel des Gehörs in verfchiedenen Krankheiten welche mit Congeftionen nach dem Kopf verbunden find, z. B. in Faulfiebern, läfst fich daher einfehen. Die Fehler des Gehörs welche mit langwierigen Kopfausfchlägen zuweilen verbunden find, fcheinen auf diefe Art zu entftehen.

5. Die mancherlei Fehler des Gehörs von Abfezungen krankhafter Materien nach den Gehörwerkzeugen, überhaupt von Metaftafen. Diefe können felbft zu unüberwindlichen localen Fehlern eine Veranlaffung werden. Auch die confenfuellen Urfachen können wieder in Metaftafen übergehen.

Vielleicht habe ich in der Folge Gelegenheit, die Behandlung diefer Fälle die ich blofs in einem allgemeinen Umrifs hingezeichnet habe, ausführlicher auseinanderzu fezen, und einzeln zu bearbeiten.

Wie

Wie viel Auffchlüffe die neuen Be-
reicherungen und Entdekungen der Ana-
tomen und Phyfiologen in der Lehre
von den Gehörwerkzeugen geben, davon hat neuerlich Hr. Hofmed. *Lentin*
fchon einen fchönen Beweis geliefert *).
Manche Zufälle welche das Gehör be-
treffen, und wovon man den Zufammen-
hang nicht leicht einfehen könnte, werden
deutlicher, und der Erfolg der Mittel läfst
einen glüklichern Ausgang hoffen, wenn
die Praxis der Theorie zu Hülfe kommt.
Mit vielem Danke würde ich es erkennen,
wenn praktifche Aerzte einzelne Fälle wo
ihre Behandlung glüklich war, mir mitzu-
theilen die Güte haben wollten, oder diefe
fonft bekannt machten; denn nur auf die
Art, durch eine Summe von Erfahrungen
ift es möglich in diefer fo fchwierigen
Materie etwas beftimmtes feftzufezen.

Die

---

*) *Tentamen vitiis auditus medendi, maximam
partem nouiffimis anatomicorum et chirurgo-
rum inuentis adftructum.*

Die alten Schriftfleller über die Krankheiten des Gehörs, haben fich faft allein bey den Krankheiten des äuffern Gehörganges aufgehalten. Andere neuere beflimmen diefe Krankheiten nach den Theilen, von welchen fie vorausfezen, dafs fie angegriffen find: und daher fcheint es wohl zu rühren, dafs fo oft in der Behandlung der Gehörkrankheiten, die Mittel zu empirifch, und zu wenig den Umfländen angemeffen gebraucht wurden, und dafs es wohl überhaupt noch zu fehr an ficheren Erfahrungen fehlt.

Erft in neuern Zeiten hat man mit mehrerem Ernfle verfucht, die Heilmittel felbft bis ins Innerfte diefes Organs einzubringen: Dies ift vorzüglich durch die Einfprizungen in die Euflachifche Trompete, und durch die Durchbohrung des Proceffus maftoideus gefchehen.

Die

Die Einfprizungen durch die Euftachi-
fche Röhre, fowohl durch die Nafe nach,
Ieland *) und *Wathen* **). als durch
den Mund wie *Guyot* vorfchlägt ***),
find immer mit' manchen Schwierigkeiten
verbunden, und ich hörte oft darüber kla-
gen, dafs fie nicht haben gelingen wollen.
Es ift freilich nicht fchwer, bey einiger
Uebung, in einem todten Körper in diefe
Röhre Injectionen zu machen; allein bey
einem lebenden Menfchen, und dem Mangel an hinreichender Uebung wird der
Vorfchlag in vielen Fällen wohl unausge-
führt bleiben, und die Kranken mögten
auch

*) *Philofophical Tranfaß. for 1741. p. 848.*

**) *Phil. Tranfaß. for 1755. p. 213. 221.
Wiederherftellung des Gehörs durch eine
leichte chirurgifche Operation. S. 39.*

***) *Hift. de l'acad. des Sciences. A. 1724.
p. 35. und in d. Machines & Inventions ap-
prouvées par l'acad. roy. des Sc. Tom. IV.
p. 1115.*

auch wohl die Wiederholung felbft ver-
bitten.

Nach den eignen Erfahrungen welche
ich darüber anführen kann, fcheinen Einfprizungen in die Röhre, wenigftens in
allen Fällen nicht gerade nothwendig, und
auch da wo fie erforderlich feyn könnten,
ift es möglich, dafs die ftokende Materie
dadurch in die Trommelhöle felbft gebracht
wird, und das Uebel nun wohl gar völlig
unheilbar werden kann. Vielmehr ift es
fchon hinreichend, wenn man nur an die
Röhre einen Reiz anbringt, welcher die
Zertheilung der ftokenden Feuchtigkeiten
befördert. Ich habe einigemale durch rei-
zende Einfprizungen aus einer Auflöfung
von Salmiak durch den Mund, an die Eu-
ftachifche Trompete, hartnäkige Zufälle
gehoben, welche von einer Verftopfung diefer Röhre herrührten. Ueberdem find diefe
Injectionen viel bequemer, und der Kranke
kann fie fich bey einiger Uebung felbft
machen.

Die

Die Sprize welche ich dazu gebrauchte, war eine gewöhnliche kleine Injections-fprize, woran ich vorne ein gebogenes Röhrchen mit einem Knopf, der mit Lö-chern verfehen ift, anfchrauben liefs *). Man kann damit einen gemäfligten Strahl an eine gröffere Fläche bringen, und wenn es die Umftände erfordern diefen leicht ver-ftärken, und eine gröfsre Erfchütterung er-regen, wenn man das Röhrchen ab-fchraubt und die Sprize allein gebraucht.

*) Man vergl. die III. Taf.

Unter

Unter den ältern Schriftstellern über die Organe des Gehörs, warf *Riolan* *) zu erst die Frage auf, ob man nicht bey einer Verstopfung der Eustachischen Röhre, und daher entstehender Taubheit, durch die Durchbohrung des Proceßus mastoideus jene natürliche Oeffnung wieder herstellen, und durch Einsprizungen die stokende schädliche Materie ausleeren könnte. Geleitet durch diesen Vorschlag, machte *Rollfink* in der Folge ebenfalls auf diese Operation aufmerksam **), und *Valsalva* war der erste welcher sie wirklich an einem lebenden Menschen mit gutem Erfolg unternahm ***).

Wenn

*) *Opusc. anatom. nov. p. 318.*

**) *in seinen Dißert. anatomic. Ienae. 1656.*

***) *Tr. de aure humana. pag. 89.*

B

Wenn man auf die Befchaffenheit und
die Lage diefer Theile Rükficht nimmt,
fo kann man unter gewiffeu Umftänden,
auch in manchen aadern Fällen von kei-
nem einzigen Mittel fo wirkfame Hülfe
hoffen als von diefem. Auf eine ganz
einfache Weife, und ohne Verlezung irgend
eines wichtigen Theils, ift man im Stande
von dem Innern aus den Siz der Krankheit zu erreichen, wohin viele Mittel ent-
weder gar nicht, oder nur in fo geringer
Menge dringen können, dafs fie wenig.
Hülfe erwarten laffen. Von diefer Seite
betrachtet, erfordert die Operation die
gröfste Aufmerkfamkeit, und fie kann vielleicht neue Ausfichten öffnen für eine immer noch zu groffe Klaffe von Menfchen,
welche von den Freuden der Gefellfchaft
und des Lebens durch den Verluft diefes
Sinnes ausgefchloffen find, wo nicht hülfreich, doch wohlthätig zu werden.

Es

Es schien mir daher von Wichtigkeit, die einzelnen Fälle, worinn diese Operation gemacht worden, mit einander zu vergleichen; theils um darnach den Erfolg derselben zu prüfen, theils um sie auch als eine Anleitung zu benuzen, welche in vorkommenden Fällen dem praktischen Wundarzte dies Geschäfte erleichtern könnte; um so mehr da sie in Betreff der Ausübung neu ist.

Bey einer Operation welche so zarte und so wichtige Theile betrifft, und bey der nahen Nachbarschaft des Gehirns, sollte billig die erste Frage seyn, ob sie ohne Gefahr unternommen werden könne. Diese Frage kann mit Gewißheit nicht anders als durch eine Reihe von Erfahrungen bestimmt werden.

Wenn ich den einzigen Fall ausnehme, daß sie den Todt des Leibarztes von *Berger* in Kopenhagen, welcher diese Operation sich selbst verordnet hatte, beschleu-

B 2   nigt

nigt haben foll, und dafs diefer wenn man
fo fagen darf, als Martyrer derfelben ge-
ftorben ift, fo giebt es kein Beifpiel, dafs
fie geradezu gefährlich genannt werden
kann, und vielleicht war fie es auch in
jenem Falle nicht allein. Dafs fie aber
fruchtlos feyn könne, davon giebt felbft
der vrefchiedene Erfolg derfelben einen Beweis ab.

Der glükliche Ausgang der Operation,
hängt allein von der Befchaffepheit, und
der innern Bildung der Knochenzellen ab,
welche fich in dem Proceffus maftoideus
befinden.

Die Bildung des Proceffus ift faft bey
einem jeden Menfchen in etwas verfchie-
den. Die äuffere Form deffelben variirt,
nachdem der Körper überhaupt einen ftarken Knochenbau hat, und die Kopfknochen grofs und ftark find. Diefe Verfchie-
denheit ift fo grofs, dafs nach einer Vergleichung von 56 Köpfen in meiner Sammlung

lung faft nie beide Proceffus' gleich geftaltet, und von egaler Gröffe find.

In den Kinderjahren, wenn die Ziehkraft der Mufkeln überhaupt noch fchwach ift, find die Proceffus nur klein, und fchwach hervorgefchoffen, und fie erhalten nicht eher ihre vollkommne Gröffe als bis der Körper völlig ausgewachfen ift. Bey Frauen find fie überhaupt kleiner als bey Mannsperfonen. Auch an der rechten Seite find fie gemeiniglich breiter und ftärker, und dagegen an der linken fchmäler und länger herabgezogen. Doch habe ich es zuweilen auch umgekehrt gefunden.

Die äuffere Fläche des Proceffus, hat ebenfalls eine ganz verfchiedene Form. Bey einigen ift fie glatt und eben, gewöhnlich aber rauh, ungleich, höckericht, voll von Erhabenheiten und Vertiefungen *).

B 3   Zuwei-

*) Die erfte Tafel Fig. 2.

Zuweilen hat der Proceſſus lamellenartige
hervorſtebende Lagen, und es ſcheint als
ob in der Mitte eine beſondere Sutur ſich
gebildet hätte.

Dieſe Knochenlamelle iſt von ungleicher Dike, und ſie ſcheint mehr mit der
Stärke des Knochens, als mit dem Alter
in Verhältniſs zu ſtehen. Bey jungen Per-
ſonen welche überhaupt ſtarke Knochen haben, kann ſie auch daher ſchon eben ſo
dik ſeyn als bey Alten. Sie iſt bey einem groſſen Proceſſus und bey Alten, oft
nur dünne, und dagegen bey einem klei-
nern und ſchmalern ungleich diker, doch
aber nie ſo feſt. Die Dike beträgt bey einigen eine bis zwei Linien, bey andern
kaum eine halbe Linie, und bey eidzelnen
troknen Köpfen die ich unterſucht habe,
hätte man durch die Foramina der Blutge-
fäſſe faſt ohne weitere Oeffnung geradezu in
den Proceſſus Einſprizungen machen können.
Dieſe Verſchiedenheit iſt bey der Operation
von Wichtigkeit, daſs man den Druk beym
Durchbohren darnach einrichtet.

Das

Das Innere des Proceſſus maſtoideus beſteht blos aus Zellen; und auch dieſe richten ſich nach dem Alter der Subjeƈte, und wahrſcheinlich auch nach den Krankheiten.

Bey neugebohrnen Kindern fehlen die Höhlen gänzlich, und der Knochen beſteht ſtatt deſſen blofs aus einer röthlichen ſchwammichten Maſſe, welche auf der Oberfläche offen ſind, und zwiſchen ſich ſehr irregulaire Verbindungen haben.

An ein und zweijährigen Knochen ſind die Höhlen noch ſehr klein, zum Theil auf der Oberfläche noch halb offen, vorzüglich in den mittlern Theilen des Proceſſus, und ſie bilden ebenfalls noch ein gleichförmiges ſchwammichtes Weſen.

Im vierten Jahre iſt der Proceſſus äuſſerlich weiter ausgedehnt, und mit einer Knochéncruſte bedekt. Man findet nun auch die Knochenhöhlen innwendig beinahe alle von ungleicher Gröſſe, oder doch noch

B 4   zuſam-

zufammengefloffen. In den folgenden Jahren gefchieht der Wachsthum des Knochens fehr langfam, und die Zellen erhalten nicht eher ihre volle Weite und Gröffe
als bis der Menfch völlig erwachfen ift *).
Man kann daraus den Schlufs ziehen, dafs
die Operation vor dem 16 oder 17 Jahre
mehrentheils fruchtlos feyn würde, weil
die Zellen ihre gehörige Form und Bildung
noch nicht erhalten haben.

Dafs die Zellen mit den Jahren ein-
fchrumpfen oder verfchwinden, und nur
in der Mitte des Proceffus allein übrig bleiben, wie' *Caffebohm* behauptete, hat
Murray ganz geläugnet. Bey einigen
fehr alten troknen Köpfen, wo kaum noch
eine Spur von irgend einer Sutur übrig
geblieben war, fand ich die Zellen ebenfalls noch offen: Das Alter fcheint alfo
kein Hindernifs der Operation zu feyn. Dagegen

*) *Ad. Murray in den neuen 'Schwed. Ab-
handl. X. B. S. 199.*

gegen habe ich bey Venerifchen fehr häufig die Zellen kaum noch fichtbar, und mit einem kreidenartigen Concremente anfüllt gefunden. Dies ift nicht zu verwundern, da das venerifche Gift zuweilen die Kopfknochen vorzüglich angreift, fie verdikt, und die Diploe felbft kreidenartig macht. Ob diefe Perfonen am Gehör gelitten haben, kann ich nicht beftimmen, doch ift es nicht wahrfcheinlich, weil die Zellen des Proceffus zum Gehör nichts beitragen. Merkwürdig ift auch das Beifpiel welches *Murray* aus feiner Sammlung anführt, dafs der ganze Proceffus bey einer Perfon von ohngefähr 15 Jahren fchon ganz folide war, fo dafs gar keine Zellen in ihm entdekt werden konnten.

Die Figur der Zellen ift äufferft mannigfaltig, und für die Operation von grofser Wichtigkeit. Ich habe an einer grofsen Menge von Köpfen den Proceffus maftoideus in verfchiedenen Richtungen auffägen laffen, um mich von der Figur, der

Gröffe

Gröſſe und Richtung derſelben zu über-
zeugen, und um die groſſe Verſchiedenheit
noch deutlicher vorzuſtellen, einige in
Zeichnung angehängt.

Man kann in den Zellen nicht die ge
ringſte Ordnung und Regelmäſſigkeit wahr_
nehmen; einige laufen vollkommen irre-
gulair, andre ſind nezförmig und faſt von
gleicher Gröſſe; in andern wechſeln kleinere mit gröſſern ab. Es iſt daher auch
ſchwer zu beſtimmen, an welcher Stelle
man die Operation machen müſſe, um am
wenigſten die Zellen zu verfehlen.

Als ein Hülfszeichen kann man in vielen Fällen die äuſſere Rauhigkeit des Proceſſus annehmen. Ich habe beobachtet,
daſs der Proceſſus unter den kleinen Hü-
geln und Rauhigkeiten welche durch die
Anlage des Muſc. Sternomaſtòidei und
Splenii auf der Oberfläche entſtehen, die
gröſsten Zellen hat. Dieſes Zeichen kann
zuweilen fehlen, allein es iſt allemal am
rath-

rathſamſten wenn es da iſt, daſs man dieſe Erhabenheiten und rauhen Stellen vorzugsweiſe auswählt, und da die Operation macht. Nach vielen Köpfen zu urtheilen, ſcheinen auch die Zellen an der innern Seite des Proceſſus, welche näher zu dem meatus auditor. gränzt, gröſſer zu ſeyn als an der äuſſern.

, Ueberhaupt aber glaube ich die Bemerkung machen zu können, daſs an der linken Seite des Kopfes die Zellen des Proceſſus allemal weiter ſind, als an dem rechten, oder wenn jene verſchloſſen ſind, dieſe noch offen ſtehen.

Bey einer Vergleichung von mehrern troknen Köpfen, wo die Zellen mit einer kreidenartigen Maſſe an der rechten Seite faſt ganz ausgefüllt waren, faud ich an der linken Seite noch viele offene Zellen. Auch iſt es mir zweimal an Cadavern begegnet, daſs ich auf keine Weiſe bey der Durchbohrung des Proceſſus an der rechten

ten Seite, habe Injectionen machen können, vielmehr floſſen die Feuchtigkeiten
allemal zurük, ohne daſs durch den Mund
oder die Naſe etwas davon herausdrang.
Ich machte die Operation an der linken
Seite, und konnte mit leichter Mühe Injectionen machen, welche aus dem Munde
wieder ausfloſſen.

Dieſer Umſtand iſt für den Erfolg der
Operation von groſſer Wichtigkeit; man
ſollte bey einer gänzlichen Taubheit vorzugsweiſe die linke Seite zur Operation
wählen, oder wenn man die rechte Seite
ſchon ohne Erfolg operirt hat, ſollte man
die Linke noch erſt verſuchen, ehe man
die Operation als unzureichend erklärt.

Es kömmt dabey noch auf einen Umſtand an, ob die Knochenzellen miteinan-
der eine freie Verbindung haben, und mit
der Trommelhöhle communiciren. In vielen Fällen, und beinahe kann man annehmen in den meiſten Fällen, iſt die Vereinigung

nigung der Zellen in troknen Köpfen fehr
deutlich, und es ift leicht die Oeffnungen
zu verfolgen, welche zu der unteren, hintern und obern Seite der Trommelhöhle
führen; allein an manchen Köpfen gehen
diefe Oeffnungen fo unregelmäffig, und in
fo verfchiedenen Richtungen, dafs man
eine Vereinigung bezweifeln follte. Inzwi-
fchen beweifen die Injectionen aus Quek-
filber oder andern Flüffigkeiten, dafs die
kleinen Zellen im troknen Zuftande unter
fich eine Vereinigung haben, und ich
kann diefes auch durch meine eignen Ver-
fuche beftätigen. Allein im frifchen Zuftande verhält fich die Sache anders.

Morgagni hatte fchon gegen diefe
Operation den groffen Einwurf gemacht,
dafs die Zellen des Proceffus bey ihrer
gänzlichen Unregelmäffigkeit und Verwor-
renheit, noch aufferdem von einer eignen
Membran bekleidet wären, welche die Oeffnungen noch mehr verengt, und dafs fie an
manchen Stellen von einem Gewebe von
Häuten

Häuten geradezu verfchloffen würden *).
Ueberdem bilde die innere Bekleidung der
Trommelhöhle eine Menge von auffte-
henden und in gleichér Direction fortlau-
fenden Lamellen, welche die Zellen des
Proceffus mafloideus von der Trommelhöhle gänzlich abfonderten. — Mehrere Zer-
gliederer find ebenfalls auf eine folche Haut
gefloffen: Indeffen fcheint diefe Haut nur
zufällig zu feyn. Wenn fie aber wirklich
vorhanden ift, fo wird freilich die ganze
Operation fruchtlos, weil der Fortgang der
Einfprizungen in die Trommelhöhle dadurch aufgehalten wird.

Es ift nicht wohl glaublich, dafs durch
die innere Bekleidung der Zellen, irgend
ein Gang fo ganz follte. verftopft werden
können, dafs alle Vereinigung zwifchen
diefen aufhörte; um fo weniger da fie gar
nicht mit einem markartigen, ölichten We-
fen angefüllt, fondern nur mit einer lym-
phati-

*) *Epift. anatomic, V. Art. 25. 26 pag. 35.*

phatifchen oder fchleimichten Feuchtigkeit
benezt find, wie die ift, welche man in
der Trommelhöhle findet.

Nach mehrern , Verfuchen welche ich
an todten Körpern angeftellt habe, find
die Zellen im frifchen Zuftande gewöhnlich offen, und haben unter fich eine freie
Communication *). Ob nicht aber diefe
Feuchtigkeit eine kränkliche Befchaffenheit
annehmen, fich verdiken oder erhärten,
und dann die Oeffnung völlig verfchlieffen
könne, wage ich nicht zu entfcheiden. —
Dies find Fälle wo die Operation ihre
Gränzen hat.

Ein anderes groffes Hindernifs, welches
den Erfolg diefer Operation ganz aufhebt
und unmöglich macht, ift die groffe Reizbarkeit und Empfindlichkeit der innern
Theile des Gehörs. Hr. Prof. *Hagftroem*
hatte einen Kranken operirt, allein fo oft

er

*) *Jaffer, Falkenberg und Hagftroem*
fanden eben diefes in ihren Verfuchen be-
ftätigt.

er Einfprizudgen machte, klagte diefer
über einen fchreklichen Schmerz im Kopf,
und Springen vor den Ohren: es war befonders dabey merkwürdig, dafs er zugleich das Geficht verlohr, ein befchwerliches Athmen bekam, und in Olnmacht
fiel, doch giengen alle diefe Zufälle in
einigen Minuten wieder über. Nach zwei
Tagen ward der Verfuch wiederholt, und
den Kranken überfielen wieder diefelben
Plagen. Von der eingefprizten Materie
kam weder durch den Mund, noch durch
die Nafe etwas zurük.

Diefer Zuftand einer erhöhten Empfindlichkeit ift den innern Theilen des Ohrs
nicht natürlich, vielmehr allemal als ein
kränklicher Zuftand zu betrachten. Auch
die Erfahrung hat es bewiefen, dafs in
den übrigen Fällen wo die Operation gemacht worden, nie ähnliche Zufälle fich
gezeigt haben; vielmehr haben die Kranken die Einfprizungen recht gut vertragen
können. Wenn man auf die vorhergegan-
genen

genen Umſtände genau acht giebt, und die
Zufälle unterſucht welche mit der Taubheit verbunden ſind, oder ob der Körper
überhaupt einen kränklichen Grad von
Reizbarkeit und Empfindlichkeit angenom-
men hat, ſo lieſſe. ſich vielleicht dieſer
Umſtand vorherſehen.

Auſſerdem aber können auch dieſe Zufälle eine Folge geweſen ſeyn, daſs der
Durchgang durch die Trommelhöhle und
die Euſtachiſche Trompete verſtopft war.
Denn offenbar ſind es Zufälle des Druks
und des Reizes, wodurch das Trommelfell, die Chorda tympani und die andern
Nervenfäden, in der Nachbarſchaft afficirt
wurden. Vielleicht war dies ein ähnlicher
Fall wie *Morgagni* beobachtete, daſs
eine widernatürliche Haut den Fortgang
der Einſprizungen verhinderte, oder wie
es mir wahrſcheinlicher iſt, da der Menſch
vorher allerlei veneriſche Zufälle gehabt
hatte *), daſs eine kalkartige Maſſe die
Zellen

*) *Man vergl. die zweite Beobachtung S. 52.*

C

Zellen angefüllt, und vielleicht auch die Ur-
fache feiner Taubheit geworden war. Sol-
che Umftände machen nothwendig die
Operation fruchtlos.

Bey diefen unangenehmen Zufällen
wäre es vielleicht eine Erleichterung für
den Kranken, wenn man die eingefprizte
Feuchtigkeit gleich wieder mit der Sprize
aufTaugte.

Es ift noch ein andrer Einwurf möglich, nämlich dafs die injicirte Feuchtigkeit
felbft für diefe zarten Theile vielleicht zu
reizend gewefen ift. Hr. H. hatte eine
Auflöfung von Extract. Abfinthii in Waffer zu der Einfprizung genommen, um
durch den üblen Gefchmak zu erfahren,
ob etwas davon in den Mund komme.
Wenn die Zellen des Proceffus maftoideus
nicht mit Eiter angefüllt, oder cariös find,
und dadurch gewiffermaffen das feine Em-
pfindungsvermögen der Gehörwerkzeuge
abgeflumpft worden, oder die Krankheit
felbft

selbst eine Reizlosigkeit verurfacht hat, so
ist allemal im Anfang zu den Injectionen
blos lauwarmes Waffer am beften, und
die eigentlichen Arzneimittel müffen so
lange verfchoben werden, bis man hinrei-
reichend überzeugt ift, dafs der Kranke
diefe vertragen kann.

Nach diefen allgemeinen Bemerkungen,
wird es nun nicht fchwer die Stelle zu
beftimmen, wo die Durchbohrung unter
den beften Ausfichten eines glüklichen Er-
folgs verrichtet werden kann.

Wenn der Kranke fchon ein Gefchwür
oder eine Gefchwulft hinter dem Ohre
hat, welche eine fchadhafte Stelle anzeiget,
fo kann man gleich diefe wählen, oder
nach den Umfländen die Oeffnung erwei-
tern, die Theile reinigen und zur Heilung
bringen.

　Hin-

Hingegen wenn die Stelle der Wahl
des Operateurs überlaſſen bleibt, ſo iſt es
allemal am beſten, wenn man die Durchbohrung auf der Mitte des Proceſſus maſtoideus macht, doch allemal näher nach
dem Ohr. zu, als nach der äuſſern und
hintern Seite. Hat der Proceſſus Ungleich-
heiten und rauhe Stellen, ſo ſollten dieſe
vorzugsweiſe gewählt werden.

Man macht den Einſchnitt am beſten
mit einem Biſtourie, ohngefähr einen Zoll
lang, damit der Theil hinreichend ent-
blöſst wird. Für den Kranken ſowohl als
den Opereteur iſt es am bequemſten, daſs
der Kranke ſizt und den Kopf auf einem
Küſſen auf den Tiſch legt. Je näher man
nach dem Ohre zu den Schnitt macht,
deſto leichter wird die Arteria auricularis
poſterior verlezt, allein die Blutung iſt bey
der Operation mehr unangenehm als beſchwerlich und gefahrvoll. Sie kann leicht
geſtillt werden.

Zu

Zu dem Durchbohren hat, man verfchiedene Inftrumente; einen Troísquart,
Grabftichel und Perforativ - Trepan gebraucht. Der Perforativ - Trepan hat den
Vorzug, daſs man nicht ſo leicht zu tief
in die Zellen des Proceſſus hineinfahren
kann, allein man erkennt auch nicht ſo
leicht ob der Knochen durchgebohrt ift,
und die Spize ift zu lang und zu fein:
eben diefes gilt auch von dem Troisquart;
wenn der Knochen, hart ift, ſo legt ſich
die Spize leicht um oder bricht ab, und
man kommt mit der Spize zu tief, und
die Oeffnung ift dabey noch nicht grofs
genug zum Einfprizen. Am beften kann
man die Operation mit einem Grabftichel
oder Stilet machen, welcher vorn konifch
ift, und keine zu lange Spize hat. Dies
Inftrument macht ſeine hinreichende Oeffnung, und man hat nicht ſo leicht zu
fürchten dafs es zu tief eindringt.

Wenn die ſäuffere Lamelle fehr dik ift,
ſo ift es auch rathfam, dafs man bey dem

Boh.

Bohren eine kleine Paufe macht, und die
Stelle unterfucht, oder dafs man die Späne
wegnimmt wie bey der Trepanation. Man
darf aber überhaupt nie zu ftark aufdru-
ken, weil man die Dike der Lamellen
nicht wiffen kann. Bohrt man zu weit
hinterwärts, fo kann man beide Lamellen
durchbohren und die harte Hirnhaut ver-
lezen. Am beften bohrt man gerade per-
pendiculair ein, und nicht fchief.

Wenn die äuffere Lamelle durchgebohrt
ift, fo macht man nun Einfprizungen mit
einer kleinen Injectionsfprize. Diefe Einfprizungen gefchehen leichter, wenn das
Röhrchen der Sprize die Oeffnung in dem
Knochen ausfüllt. Dies gefchieht auch
noch dadurch, dafs man die Sprize etwas
fchief von hinten nach vorn einfezt, und
in fchiefer Richtung einfprizt. Allein die
Einfprizungen dürfen nie mit einem zu
ftarken Druk gefchehen, und noch weniger darf man fie forçiren, um dadurch
einen Canal zu machen, weil fonft die
nach-

aachtheiligſten Folgen entſtehen können.
Hr. *Hagſtroem* beobachtete einigemal
an todten Körpern, daſs das Trommelfell
davon berſtete, und die Einſprizung durch
den äuſſern Gehörgang wieder herausſloſs.
Dies würde bey einem lebenden Körper un-
fehlbar eine noch weniger beilbare Taubheit veranlaſſen.

Die Materie der Injeƈtion flieſst, wenn
der Durchgang frei iſt, gemeiniglich aus
dem Naſenloch der kranken Seite wieder
heraus, wenn der Kranke ſteht oder auf-
recht ſizt; liegt aber der Kopf mehr hinten
über, ſo flieſst ſie hinten in den Mund.

Wenn die Proceſſus klein ſind und nur
wenig hervorragen, ſo iſt die Operation
ſehr beſchwerlich, und man muſs fürchten, daſs die Zellen dann auch nicht die
gehörige Bildung haben. Bey Kindern kann
man ſie gar nicht machen.

Was

Was nun die Krankheiten anbetrifft, welche durch die Durchbohrung des Proceſſus maſtoideus gehoben werden können, ſo ſcheinen dies vorzüglich folgende zu ſeyn.

I. Eine gänzliche Taubheit überhaupt, oder eine Harthörigkeit welche immer zunimmt, und wogegen alle andre Mittel vergebens gebraucht ſind. Wenn auch die Wiederherſtellung der freien Communication zwiſchen den innern Theilen des Ohrs nicht die Folge iſt, ſo kann vielleicht der Reiz der injicirten Flüſſigkeit eine Veränderung hervorbringen, wodurch die Reſorption der ſtokenden Materie befördert, oder die Wirkung der Theile wieder in Thätigkeit geſezt wird.

II. Wenn bey einem Geſchwür oder der Eiterung im Ohr, die Materie in den Zellen des Proceſſus maſtoideus ſich angeſammlet hat, oder die Zellen ſchon cariös geworden ſind. Einſprizungen von dem hin-

iterſten

terſten Theile des Ohrs oder durch die
Zellen ſelbſt, ſind unter dieſen Umſtänden
das beſte Mittel die Theile zu reinigen und
zur Abſonderung und Heilung zu bringen.

III. Wenn die ſchleimichten Feuchtigkeiten, welche im geſunden Zuſtand im
innern Ohr ausdunſten, aus irgend einer
Urſache ſtoken oder ſich angeſammlet haben. Doch ſcheint in dieſem Fall die An-
wendung der Electricität nach der Methode
von *Blizard* *) viel zu verſprechen, und
ſie verdient allemal vorher einen Verſuch.

IV. Bey lange anhaltenden Ohren-
ſchmerzen und Brauſen in den Ohren, welche endlich das Gehör zerſtören.

V. Wenn die Euſtachiſche Trompete
durch Schleim oder andre ſtokende Feuchtigkeiten verſtopft iſt, welche durch Inje-
C 5 ctio-

*) *Arnemann Biblioth. f. Chir. u. prakt. Me-
dic. 1. B. 2. St. S. 241.*

ctionen überwunden werden können. Ver-
ftopfungen durch polypöfe Concremente,
oder Knochenauswüchfe u. ähnl., machen
nothwendig eine Ausnahme. Doch glaube
ich auch, dafs es dabey fehr auf den Siz
der Verftopfung ankömmt. Befindet fich
diefe in dem knorpelartigen Theile der
Trompete, und dies ift wohl am häufig-
ften der Fall, weil diefer Canal inwendig
mit einer lofen Schleimhaut bekleidet ift,
fo fcheinen die Einfprizungen durch den
Mund an die Röhre, und vorzüglich die
vorhin erwähnten reizenden Injectionen am
meiften erwarten zu laffen. Hingegen
wenn fie in dem knochenartigen Theil in
der Nähe des Ohrs, oder in der Trommelhöhle felbft entftanden ift, fo kann die
Operation einen gröffern Nuzen haben,
und eine Heilung bewirken, wo jene unzureichend waren.

Wenn aber überhaupt diese Operation, nur in den Fällen einer gänzlichen Taubheit hülfreich sich beweist, und sollte es auch nur eine Palliativcur seyn, so ist sie doch immer schon von der grössten Wichtigkeit, und verdient in vorkommenden Fällen weiter untersucht und benuzt zu werden.

Anhang.

Anhang.

Ich habe einige der wichtigſten Fälle, wo die Operation der Durchbohrung des Proceſſus maſtoideus wirklich gemacht worden, angehängt; theils weil ſie die Grundlage der folgenden Operationen geweſen ſind, theils weil ſie zugleich die ſchikliche Behandlung unter ſolchen Umſtänden enthalten, und zur vollſtändigen Ueberſicht und Beurtheilung der vorhin angeführten Bemerkungen dienen können.

Erſte

Erste Beobachtung

vom Hrn. Regim. Chir. Jaffer.

Ein Soldat hatte seit vielen Jahren an Ohrenschmerzen gelitten, wobey beständig Eiter aus den Ohren floß. Auf dem linken Ohr hatte er sein Gehör schon ganz verlohren, und auf dem rechten hörte er sehr schwer. Er hatte vor vier Jahren einige Löcher am rechten Fusse gehabt, welche zugeheilt waren, und seitdem war der Schmerz in den Ohren entstanden mit Ausfluß der Materie. Die ausfliessende Materie hatte einen recht üblen Geruch; dabey hatte er auch ein heftiges Fieber und klagte über

über entſezliche Schmerzen im rechten
Ohr. In dem linken Ohr war der Schmerz
ſeitdem er das Gehör auf demſelben verlohren hatte, ſehr erträglich, und es floſs
nur wenig Eiter aus dem Ohr. Das Fieber wurde durch Aderläſſe, äuſſere erweichende Umſchläge und Injectionen in das
Ohr aus Althee-Decoct, temperirende Mittel, Klyſtire, Blaſenpflaſter hinter den Ohren und im Naken gemildert. Er klagte
aber immer, daſs ſein Gehör am rechten
Ohr immer ſchwächer würde.

Mit eben dieſen Zufällen ward er nach-
her noch ſehr oft wieder ins Lazareth gebracht. Im jahr 1776 hatte er abermals
ein heftiges Fieber, und der Schmerz war
ſo entſezlich, daſs der Kranke raſste. Aderläſſe, gelinde abführende Mittel, erweichende Einſprizungen, Dampfbäder, Blaſenpflaſter, Blutigel, wurden nacheinander
angewendet und ſelbſt wiederholt: ver-
ſchaften aber auch nicht die geringſte Lin-
derung; zuweilen wurde durch eine Doſe
Opium

Opium der Schlaf auf einige Stunden befördert. Der Ausflus des Eiters war so beträchtlich, dafs es an der Seite des Halses herunterlief. Wenn man an der äuffern Oeffnung das Ohr drükte so kam öfters ein dikes körnichtes Eiter herausgeflossen.

Nach Verlauf von drei Wochen hatte es den Anschein, als wenn sich hinter dem Ohr auf dem Processus mastoideus eine kleine Erhabenheit bildete, worinn Hr. I. glaubte durch das Gefühl eine Flüffigkeit zu entdeken. Der Theil ward nun mit erweichenden Umschlägen belegt, allein schon den andern Tag war die kleine Erhabenheit verschwunden, und man konnte nichts mehr von einer Flüffigkeit durch das Gefühl gewahr werden. Die reizenden Umschläge wurden nun wieder aufgelegt, und nach einigen Tagen zeigte sich eine Erhabenheit und die Flüffigkeit aufs neue; das Fieber war bald heftiger, bald schwächer, je nachdem der Schmerz stärker oder gelinder war. Hr. I. nahm das Bi-

Biftouri und machte an diefer Stelle einen
Zoll langen Einfchnitt. Es kamen aus der
Oeffnung einige wenige Tropfen von einem gelblichen fehr dünnen und fcharfen
Eiter, doch konnte er durch die Sonde
nichts weiter entdeken. Hierauf liefs er
wieder erweichende Umfchläge überlegen,
um wenigftens dadurch dem Kranken Erleichterung feiner Schmerzen zu verfchaf-
fen, allein diefe blieben fich immer gleich.
Bey einem Verbande fand er einen fchwar-
zen Flek auf der Charpie, und dies machte
ihn aufmerkfam, dafs eine Caries in dem
zizenförmigen Fortfaze des Schlafbeins vorhanden wäre. Er nahm nun das Biftouri
und entblöfste den Fortfaz von dem Teudo
des Sterno cleido maftoideus und der Bein-
haut. Die äuffre Fläche deffelben war
ganz rauh und vom Periofteo entblöfst,
und bey der Unterfuchung gieng die Sonde
in den Knochen hinein, dafs fie in den
Zellen des Fortfazes fteken blieb.

Er

Er nahm nun eine Injectionsfprize und fprizte, weil eben keine andre Injection bey der Hand war, ein Infufum von Bruft- thee ein wenig laulicht in die Oeffnung. Von der Injection flofs nichts aus der äuf- fern Wunde; der Kranke hingegen fing mit der Nafe an zu fchnauben, und die Injection lief zum rechten Nafenloch her- aus. Er wiederholte die Injection öfters. Aus der äuffern Oeffnung des Ohrs, drang zugleich vieles Eiter, und mit froher Miene fagte der Kranke, dafs feine Schmerzen im Ohr nachlieffen.

Die Wunde ward nun troken verbun- den, der Kranke legte fich darauf zu Bette und fchlief ununterbrochen zehn Stunden. Er hatte auf der kranken Seite gelegen, und es war fehr wenig Eiter aus der äuf- fern Oeffnung gefloffen. Am Abend wurde der Kranke wieder verbunden und diefelbe Injection wiederholt, bey der er fich fo- wohl befunden hatte. Der Schmerz hatte faft gänzlich nachgelaffen, auffer dafs der

D   Kranke

Kranke zuweilen einige empfindliche Stiche im Ohr -bekam. Das Eiter welches aus der äuffern Oeffnung des Ohrs flofs, ward mit jedem Tage weniger. Die Farbe bekam ein gutes Anfehen. Der üble Geruch und der Schmerz verlohren fich in acht Tagen gänzlich, und der Ausflufs des Eiters aus der äuffern Oeffnung hörte ebenfalls auf. Die Injectionen wurden ausgefezt, und die Wunde ganz einfach mit trokner Charpie verbunden. Da kein Eiter mehr ausflofs, zog man die Wunde zufammen, und nach Verlauf von drey Wochen war fie faft verfchloffen. —

Nach einiger Zeit machte Hr. *Jaffer* auch die Operation an dem linken Ohr. Er bohrte mit einem Troikar durch die Mitte des Fortfazes etwas nach oberwärts, und fprizte ein ganz wäfrichtes Myrrhendecoct hinein. Die Injection flofs aus dem linken Nafenloch aus, und nach vier Tagen verficherte der Kranke, dafs er mit dem linken Ohr wieder hören könne. Die

Inje.

Injectionen wurden noch einige Tage fort-
gefezt; doch war das Gehör an diefer
Seite nicht fo vollkommen wieder hergeftellt als an der Rechten. Der Kranke hatte
indeffen doch fein Gehör wieder erhalten,
welches er feit vielen Jahren gänzlich verlohren hatte. Die Wunde ward ganz
einfach, die mehrfte Zeit blos mit trokner
Charpie verbunden. Sie war in Zeit von
drei Wochen völlig geheilt, ohne Abblät-
terung des Knochens.

Zweite

Zweite Beobachtung.

von Hrn. Prof. Hagftroem.

Ein Kranker hatte an beiden Ohren eine
völlige Taubheit, welche man für ganz
unheilbar erklärt hatte. Er hörte gar keine
Art von Schall, nicht einmal den flärkften
Knall vom Donner oder von einer Kanone.
Es war äufferft fchwer von ihm einige
Nachricht von dem vorhergehenden zu er-
fahren, weil er nicht verftand was man
fagte, und auch keine Schrift lefen konnte.
Endlich erfuhr man, dafs die Krankheit
Folge von allerlei venerifchen Zufällen fey.
In der Folge zeigten fich auch verfchiedene

Symp-

Symptome der Krankheit. Man ließ ihn
vorher eine Mercurialkur innerlich und äuf-
ferlich gebrauchen, und dabey vergingen
die venerifchen Zufälle, allein die Taubheit blieb unverändert.

Man fchritt darauf zur Operation am
Proceffus maftoideus. Der Kranke faß auf
einem Stuhle mit dem Ohr gegen das
Licht gekehrt. Der Einfchnitt wurde mit
einem fcharfen Biftourie hinter dem Ohr
gemacht vom oberften bis auf den mittel-
ften Theil des Proceffus, etwa einen Zoll
groß. Die Blutung war fo ftark, daß
Hr. H. befchloß die Operation aufzuheben,
bis durch Chärpie und Druk die Mündun-
gen der kleinen Arterien verftopft wären.

Den Tag darauf wurde der Proceffus
mit einem Grabftichel der ohngefehr ⅛ Zoll
im Durchmeffer hatte durchgebohrt. Wie
das Inftrument in die Cellulas maftoideas
kam, wurde es weggelegt und eine Einfprizung gemacht. Es gieng etwas von

D 3   der

der Injeflion hinein, aber durch den Mund
oder die Nafe kam nichts heraus, noch
weniger durch den äuffern Gehörgang
zurük.

Er machte diefen Verfuch mehreremale,
aber immer mit demfelben Erfolge. Dabey
klagte der Patient jedesmal fo oft eingefprizt wurde, über einen fchreklichen
Schmerz im Kopf, Springen vor den Oh-
reñ, und was befonders merkwürdig war,
er verlohr das Geficht, bekam Seufzer und
ein befchwerliches Athmen, und fiel in
Ohnmacht. Diefes alles ging doch nach
einigen Minuten wieder über.

Man liefs nun den Kranken zwey
Tage in Ruhe. Hr. H. unterfuchte darauf die operirte Stelle aufs neue, und
fand dafs das Inftrument wirklich in die
Zellen des Proceffus gekommen fey; die
Sprize wurde wieder hineingefezt, und
lauwarmes Waffer worinn etwas Extraflum
abfinthii aufgelöfst war eingefprizt, damit
der

der bittre Gefchmak verriethe, ob etwas davon in den Mund gekommen fey. Der Kranke yerfpürte keinen Gefchmak, es zeigte fich auch keine Feuchtigkeit in der Nafe, allein den Kranken überfielen wieder diefelben. Plagen, Blindheit und Ohnmacht.

Er konnte zu keinen weitern Verfuchen, weder an diefem noch an dem andern Ohre überredet werden.

Dritte

Dritte Beobachtung

von Hrn. D. Löffler.

Ein Kranker der vor einem Jahre eine
Lähmung des rechten Fußes von einer
Krankheitsmeßaßtaße bekommen hatte, war
nach einem hizigen Fieber faß gänzlich
taub geworden. Ob die Taubheit von einer Verßezung der Krankheitsmaterie aus
dem Fuße nach den Gehörwerkzeugen,
oder ob ße von einem Theile des nicht.
ausgeleerten Fieberßoffs herrührte, konnte
man nicht genau beßimmen. Das beßon-
dre dabey war, daß der Kranke beßer
hörte wenn er den Mund öffnete; ßchloß

er

er ihn, fo war er faft ganz taub. Vola-
tile Fumigationen, Blutigel, Blafenpflafter,
erweichende Einfprizungen, gelinde auflö-,
fende und abführende Arzneien waren um-.
fonft verfucht.

Hr. L. machte endlich die Operation
der Durchbohrung des·Proceffus maftoideus.
Er bemerkte dabey einen Irrthum der leicht
gefährliche Folgen haben kann. Nämlich
er glaubte dafs die äuffre Lamelle des Proceffus noch nicht durchgebohrt fey, und
fuhr daher fort zu bohren; plözlich glitfchte
das Inftrument hinein. Dabey flofs etwas
Blut und Feuchtigkeit aus. Von der Einfprizung flofs nichts aus der Nafe heraus.
Hr. L. wagte es daher nicht mehr einzu-
fprizen, weil er fürchtete es mögte zu
viel davon zurükbleiben.

Der Erfolg der Operation war fehr
unerwartet. Der Kranke konnte wirklich
jezt fchon weit beffer hören, nur das Ge-
räufch im Ohr hatte fich nicht gemindert..

D 5 Die

Die Wunde ward mit Charpie ausgefüllt
und mit einem Pflaster bedekt, und nun
bemerkte man, daß der Kranke wieder
schwerer hörte. Sobald das Pflaster und
die Charpie abgenommen wurde, hörte er
wieder besser. Den zweiten und dritten
Tag besserte sich das Gehör; den achten
Tag wurde es wieder schlechter, und den
vierzehnten war der Kranke wieder so
taub als vorher. Diese Erscheinung konnte
man leicht durch die Zuheilung der künstlichen Oeffnung erklären, so wie sich diese
verengerte nahm das Gehör offenbar ab.

Er verfiel daher auf den Gedanken,
ob man nicht das Gehör erhalten könnte,
wenn man die Oeffnung so vernarbte daß
sie offen bliebe; der Kranke ließ es sich
gefallen, die Oeffnung zu wiederholen. Um
das Eindringen des Bluts aus der Fleisch-
wunde in die Knochenhöle zu verhüten,
welches er bey der ersten Operation be-
merkt hatte, öffnete er diesmal zuerst die
äussern Bedekungen durch einen Kreuz-
schnitt

ſchnitt, und erſt den Tag darauf durchbohrte
er den Knochen. Die erſten fünf Tage
legte er Darmſaiten, dann eine bleierne
Sonde in die Oeffnung, nach und nach
bis zur Dike einer Gänſefeder. Ueber die
Vernarbung giengen einige Wochen hin,
doch alle Schmerzen und Mühe wurden
endlich durch ein gröſstentheils wieder
hergeſtelltes Gehör belohnt.

Vierte

Vierte Beobachtung

von Hrn. Fielitz.

Eine bejahrte Frau verlohr nach einem langwierigen Quartanfieber das Gehör. Sie hatte an beiden Ohren ein beständiges Brausen, und nachdem sie drei Jahre lang verschiedene innere und äussere Mittel umsonst versucht hatte, wurde die Durchbohrung des Processus mastoideus versucht.

Hr. F. bohrte den Processus mit einem kleinen spizigen Instrumente ein, und sprizte in beide Oeffnungen einigemale laues Wasser ein. Die Injection lief sogleich molkicht aus den Nasenlöchern heraus, und in dem Augenblik verspürte die Frau eine

Ver-

Verminderung des Braufens, und eine Ver-
mehrung des Gehörs. Nachdem diefe Einfprizungen vier Tage täglich zweimal wi-
derholt worden, hatte fie ihr völliges Gehör wieder, und die gemachten Oeffnungen fchloffen fich leicht und bald.

Fünfte Beobachtung
von eben demfelben.

Ein junges Frauenzimmer das nach einer hizigen Krankheit vor vier Jahren das
Gehör auf dem linken Ohr verlohren hatte,
bekam öfters einen periodifchen übelrie-
chenden eiterigen Ausflufs aus diefem Ohre,
vor welchem jederzeit ein Fieber mit heftigen Schmerzen im Ohr vorher ging.
Hr. F. machte die Operation und fprizte

durch

durch die Oeffnung zwölf, Tage lang einen ftarken Aufgus von Schierling ein.
Zwölf Tage lang lief viel Eiter mit etwas Blut vermifcht aus dem Ohre und
linken Nafenloche. Nachdem der eitrige
Ausflufs gänzlich verfchwunden, und das
Gehör völlig hergeftellt war, fprizte er
noch etliche Tage lang ein ftarkes Decoct
von der Weidenrinde ein, darauf lies er
die Oeffnung, welche bisher durch eine
Darmfeite offen erhalten war fich fchlieffen.

Erklärung der Kupfertafeln.

Erfte Figur.

Die Rauhigkeiten des Proceffus maftoideus find in natürlicher Form vorgeftellt.

a. ift die Stelle wo die Operation am beften gemacht wird.

Die folgenden drei Figuren.

Zeigen die verfchiedene Form der Zellen. In der erften find die Zellen durch eine kalk- artige Erde faft ganz vertilgt. In der zwei- ten find fie mehr nezförmig und die Ver- einigung ift nicht fo fichtbar. In der drit- ten find fie weit und offen.

Die

Die fünfte Figur.

Stellt die Sprize zu den Injectionen an die Eustachifche Trompete vor. Sie kann von Zinn oder von Silber gemacht feyn.

a. ift das Röhrchen welches an und abgefchroben werden kann. Das kleinere Röhrchen *b.* kann zugleich zu Einfpritzungen in den Proceffus maftoideus gebraucht werden.